NHK for School

U0173104

# 微观世界放大看

全5册

## 5 物品和人体


日本NHK《微观世界》制作班 编著

[日] 长谷川义史 绘

王宇佳 译

中国出版集团 现代出版社

# 目录

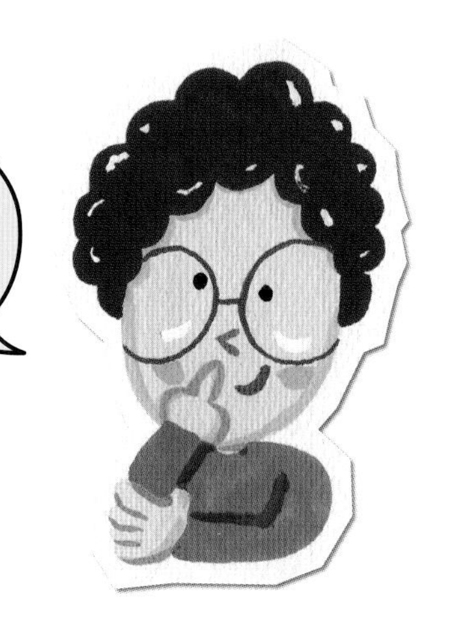

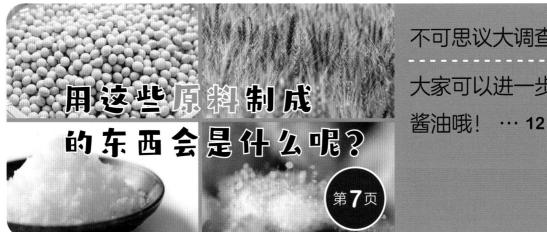

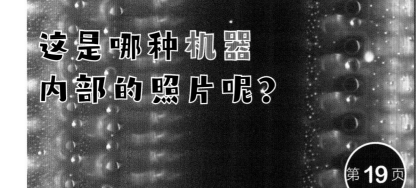

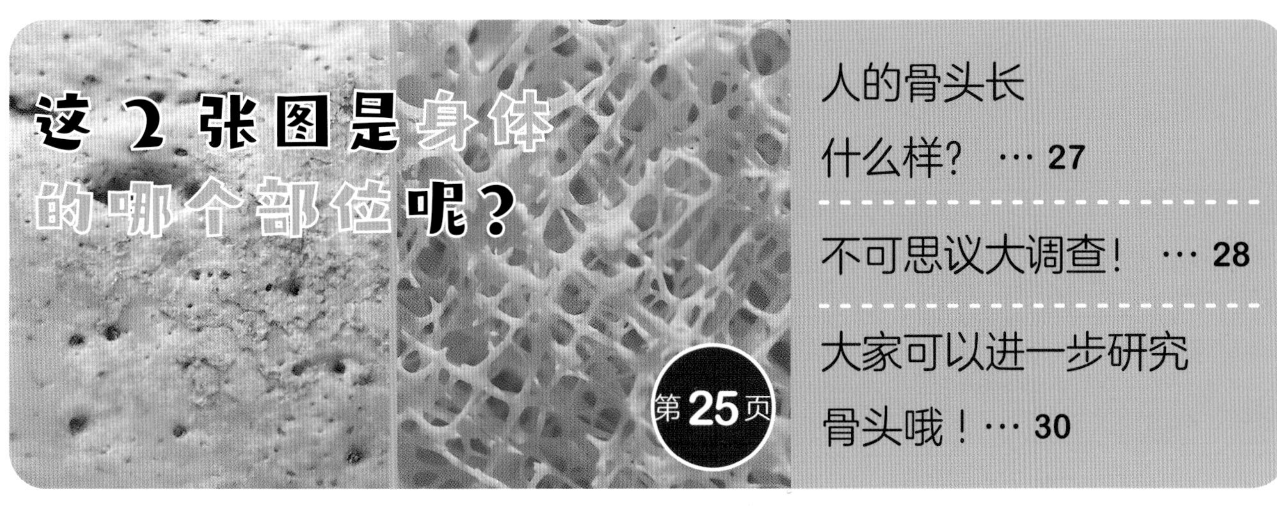
这2张图是身体的哪个部位呢？
第25页

这是身体的哪个部位呢？
第31页

去探险！

# 本书的使用方法

微观世界是指我们用肉眼看不见的微小世界。

本书将带领大家从微观角度观察物品和人体结构，解读物品和人体的奥秘。

## 第1步 一边看照片，一边思考

思考这里提出的问题。

## 第2步 仔细观察物品或人体某一部位的构造

仔细观察照片中物品的制造过程，或人体某一部位的详细构造。在微观世界里，我们能发现哪些有趣的东西呢？

这里会公布答案！

这里将提出一个最受关注的问题！下一页的“不可思议大调查！”会跟大家一起讨论这个问题。

## 第3步 继续观察和探究

继续放大，看一看物品被制造出来之前的流程，探究其中的不可思议之处。

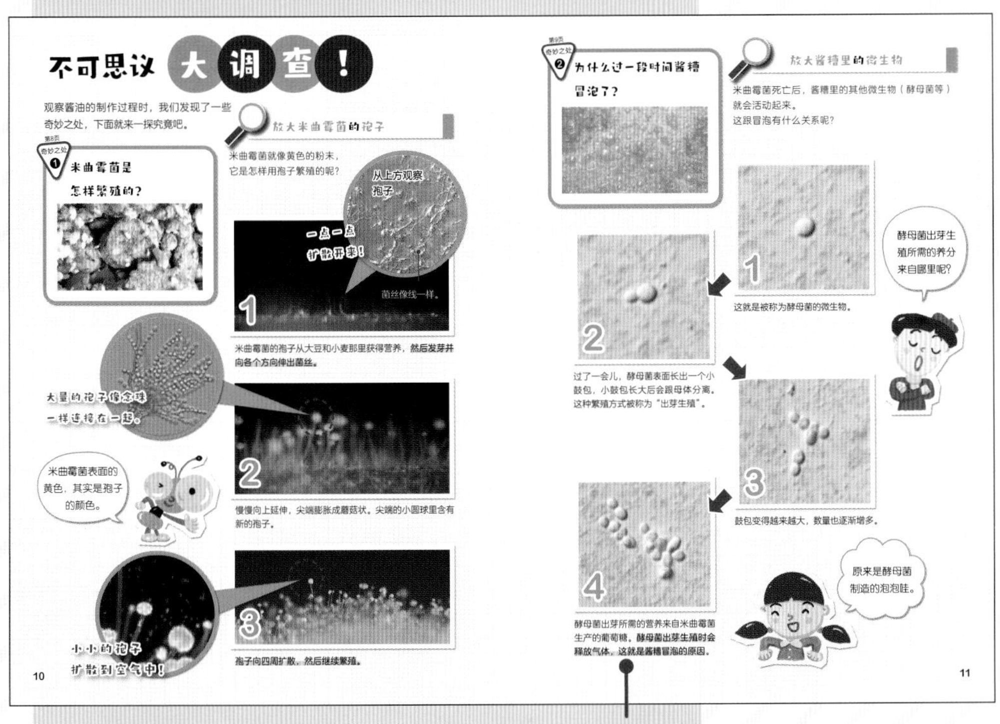

不可思议大调查！

观察酱油的制作过程时，我们发现了一些奇妙之处，下面就来一探究竟吧。

第8页 奇妙之处❶ 米曲霉菌是怎样繁殖的？

放大米曲霉菌的孢子

米曲霉菌就像黄色的粉末，它是怎样用孢子繁殖的呢？



米曲霉菌的孢子从大豆和小麦那里获得营养，然后发芽并向各个方向伸出菌丝。



慢慢向上延伸，尖端膨胀成蘑菇状。尖端的小圆球里含有新的孢子。



孢子向四周扩散，然后继续繁殖。

10

第9页 奇妙之处❷ 为什么过一段时间酱糟冒泡了？

放大酱糟里的微生物

米曲霉菌死亡后，酱糟里的其他微生物（酵母菌等）就会活动起来。
这跟冒泡有什么关系呢？



这就是被称为酵母菌的微生物。



过了一会儿，酵母菌表面长出一个小鼓包，小鼓包长大后会跟母体分离。这种繁殖方式被称为“出芽生殖”。



鼓包变得越来越大，数量也逐渐增多。



酵母菌出芽所需的营养来自米曲霉菌生产的葡萄糖。酵母菌出芽生殖时会释放气体，这就是酱糟冒泡的原因。

11

从微观世界找出的答案，都用粉色记号笔做了标注。

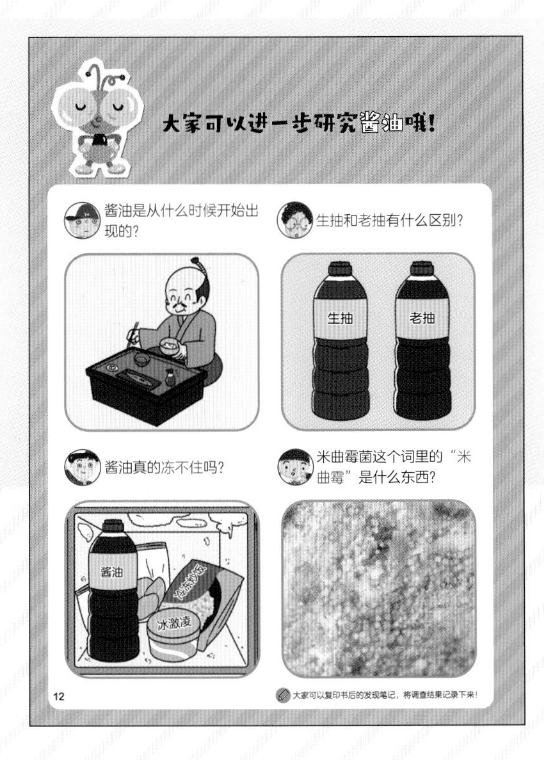

大家可以进一步研究酱油哦！

酱油是从什么时候开始出现的？

生抽和老抽有什么区别？



酱油真的冻不住吗？

米曲霉菌这个词里的“米曲霉”是什么东西？



12

大家可以复印书后的发现笔记，将调查结果记录下来！

## 第4步 进一步独立研究相关的问题

让我们进一步调查前面介绍的物品或人体部位吧。这里会提出 3~4 个有趣的问题，需要小读者独立寻找答案。大家可以复印书后的发现笔记，将调查的过程和结果记录在上面！

# 本书中的登场人物

## 大眼睛

微观世界的向导。它有一双标志性的大眼睛，可以放大任何东西。它不仅博学，还擅长教导小朋友。

## 小飞

小学四年级的学生。喜欢学习理科。他非常喜欢动物，在学校里担任生物课代表。他生性勇敢，好奇心也很强。性格直率，有一说一。

## 小浩

小学四年级的学生。喜欢上体育课。他的家接近大自然，他平时喜欢到处捉虫、捕鱼。他性格率真，非常耿直。

## 祐树

小学四年级的学生。喜欢学习数学，其他学科也学得很好。比起外出玩耍，更喜欢在家里玩电脑。他的梦想是长大成为一名科学家。

## 小舞

小学四年级的学生。喜欢上音乐课和美术课。最喜欢耀眼发光的东西。性格稳重大方。有点害怕虫子。

# 用这些原料制成的东西会是什么呢？

大豆
小麦
盐
米曲霉菌
用菌做出来的东西会好吃吗？
以大豆为原料制成的东西应该是吃的吧？

# 答案是酱油

酱油是我们日常生活中必不可少的调料。
酱油独特的风味究竟是怎么产生的？
让我们一起到酱油工厂看看酱油的酿造过程吧。

## 1 将大豆煮熟

酱油的主要原料是大豆。制作酱油的第一步就是把大豆放到一个大锅里煮熟。

哇！
有这么多
大豆！

## 2 将大豆和小麦混合到一起

将煮好的大豆跟炒熟后碾碎的小麦混合到一起。

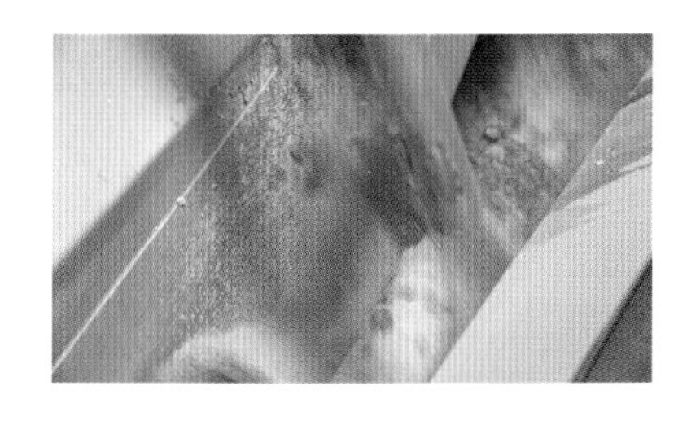

## 3 加入米曲霉菌静置2天左右

将米曲霉菌加入大豆和小麦的混合物中，放在恒温恒湿的房间里静置 2 天左右。用这种方法做出来的东西被称为“酱曲”。

刚放进房间的状态

在大豆和小麦里加入米曲霉菌的孢子。

※ 孢子是真菌等为了繁殖而产生的生殖细胞。

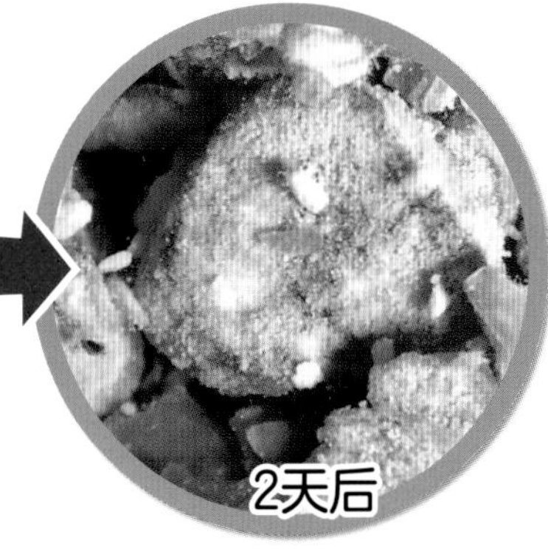

2天后

表面长出了黄色的粉。这些就是米曲霉菌哦。

奇妙之处 1

### 米曲霉菌是怎样繁殖的？

只过了 2 天就完全变了一个模样！

# 4 加入盐水后搅拌均匀

往酱曲里加盐水，然后搅拌均匀。加入盐水后，米曲霉菌就会死亡。

不仅颜色
变了，还咕嘟咕嘟
冒出泡来！

刚搅拌均匀时的状态

搅拌好的混合物被称为“酱糟”。

大约1个月后

开始咕嘟咕嘟
冒泡！

奇妙之处 ❷

为什么过一段
时间酱糟冒泡了？

# 5 过滤出酱油

酱糟需要放置数月至 1 年半才能熟成，之后将其用布包起来，放到机器里慢慢加压，将里面的液体过滤出来。过滤出的液体就是“生酱油”。

# 6 加热生酱油

最后一个步骤是“加热”，目的是调节酱油的味道和颜色。

# 不可思议大调查！

观察酱油的制作过程时，我们发现了一些奇妙之处，下面就来一探究竟吧。

第8页

奇妙之处
1

## 米曲霉菌是怎样繁殖的？

### 放大米曲霉菌的孢子

米曲霉菌就像黄色的粉末，它是怎样用孢子繁殖的呢？

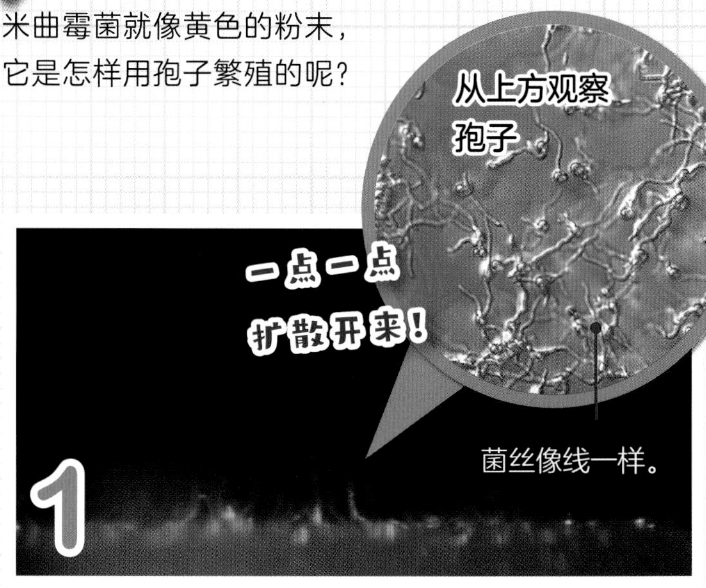

从上方观察孢子
一点一点扩散开来！
菌丝像线一样。
1

米曲霉菌的孢子从大豆和小麦那里获得营养，**然后发芽并向各个方向伸出菌丝。**

大量的孢子像念珠一样连接在一起。

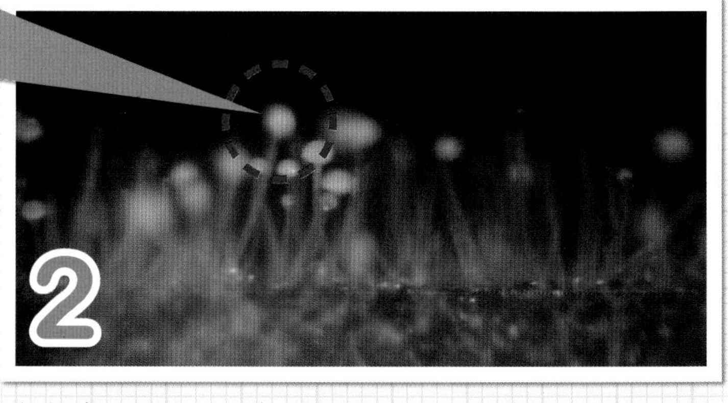

2

慢慢向上延伸，尖端膨胀成蘑菇状。尖端的小圆球里含有新的孢子。

米曲霉菌表面的黄色，其实是孢子的颜色。

小小的孢子扩散到空气中！

3

**孢子向四周扩散，然后继续繁殖。**

第9页
奇妙之处 ❷

## 为什么过一段时间酱糟冒泡了？

### 放大酱糟里的微生物

米曲霉菌死亡后，酱糟里的其他微生物（酵母菌等）就会活动起来。
这跟冒泡有什么关系呢？

这就是被称为酵母菌的微生物。

酵母菌出芽生殖所需的养分来自哪里呢？

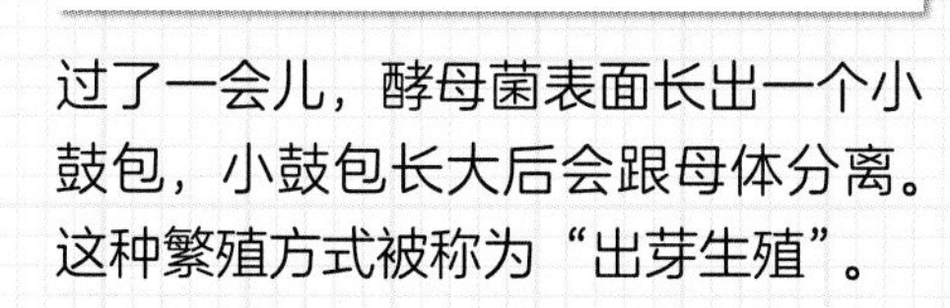

过了一会儿，酵母菌表面长出一个小鼓包，小鼓包长大后会跟母体分离。这种繁殖方式被称为“出芽生殖”。

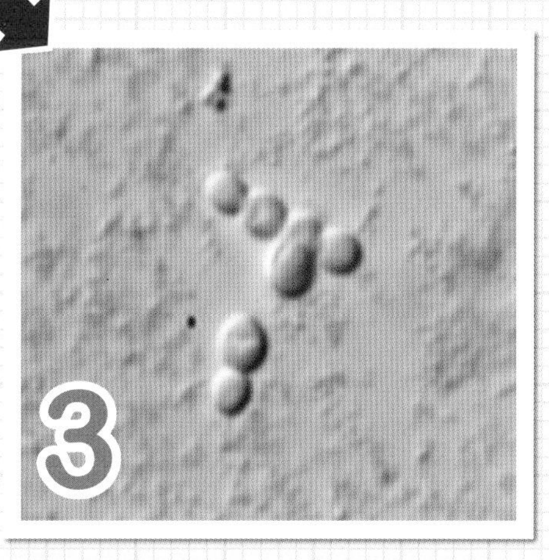


鼓包变得越来越大，数量也逐渐增多。

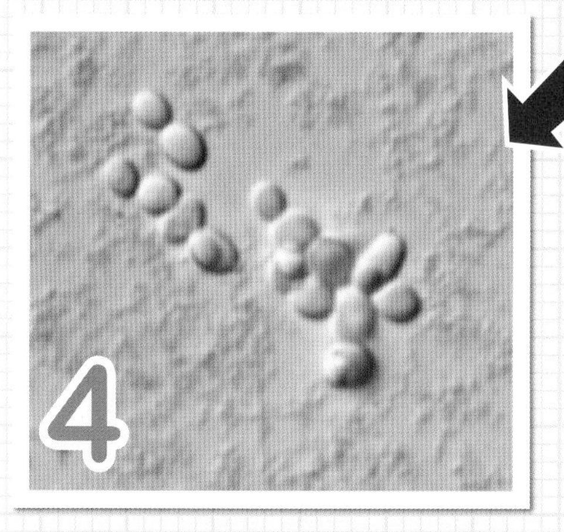


酵母菌出芽所需的营养来自米曲霉菌生产的葡萄糖。**酵母菌出芽生殖时会释放气体，这就是酱糟冒泡的原因。**

原来是酵母菌制造的泡泡哇。

# 大家可以进一步研究酱油哦！

酱油是从什么时候开始出现的？

生抽和老抽有什么区别？

酱油真的冻不住吗？

米曲霉菌这个词里的“米曲霉”是什么东西？

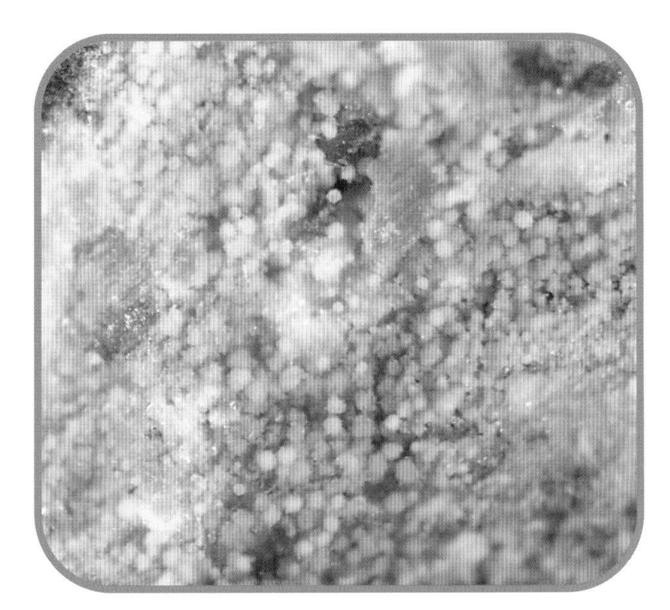

大家可以复印书后的发现笔记，将调查结果记录下来！

# 哪张照片是衬衫放大后的样子？

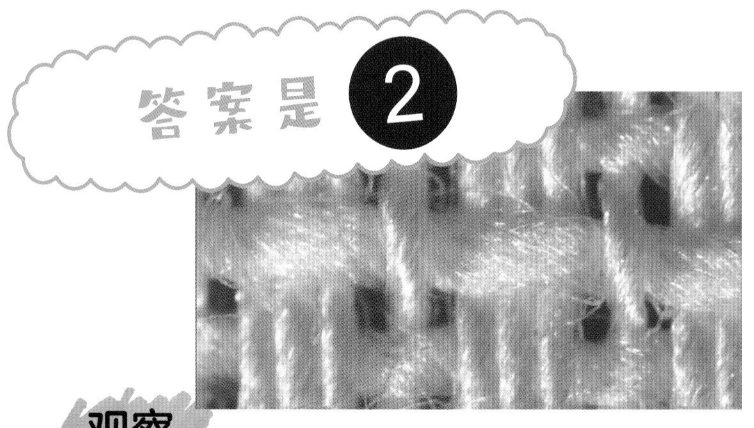


❶ 是鸟的羽毛
❸ 是霉菌
❹ 是蝴蝶的翅膀

观察

## 来看看各种布料吧

市面上有很多制作衣服的布料。
让我们放大对比一下，看看有什么新的发现？

### 衬衫（棉布）

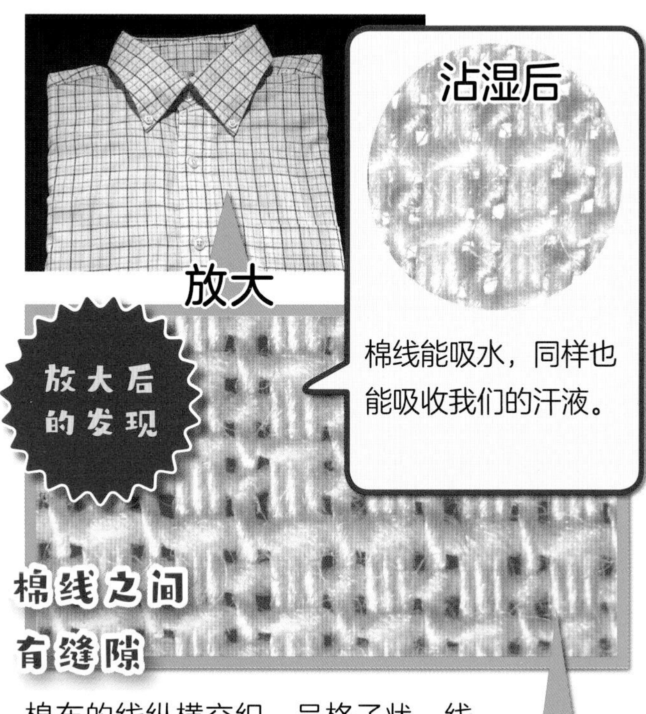

沾湿后
放大
放大后的发现
棉线能吸水，同样也能吸收我们的汗液。
棉线之间有缝隙


棉布的线纵横交织，呈格子状。线与线之间存在缝隙。

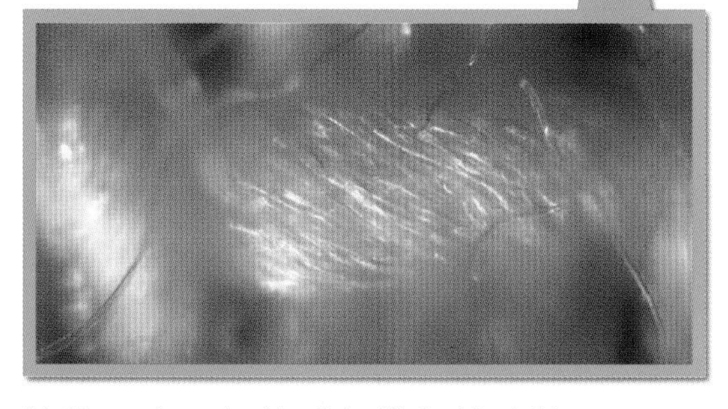

棉线是由更细的“纤维”纺成的。

### 雨衣（尼龙）

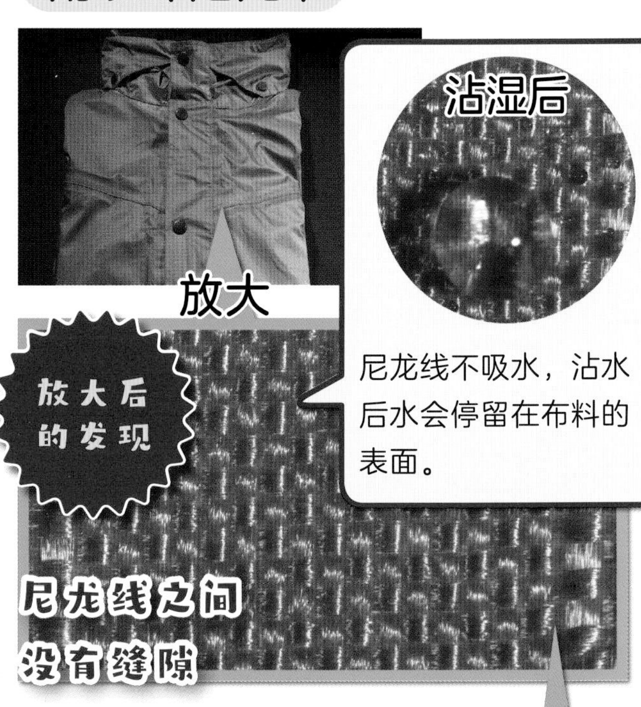

沾湿后
放大
放大后的发现
尼龙线不吸水，沾水后水会停留在布料的表面。
尼龙线之间没有缝隙


尼龙布的线织得比棉布密，横向和纵向的线之间没有缝隙。

尼龙线也是由又细又直的纤维纺成的。

## 运动衫（合成纤维）

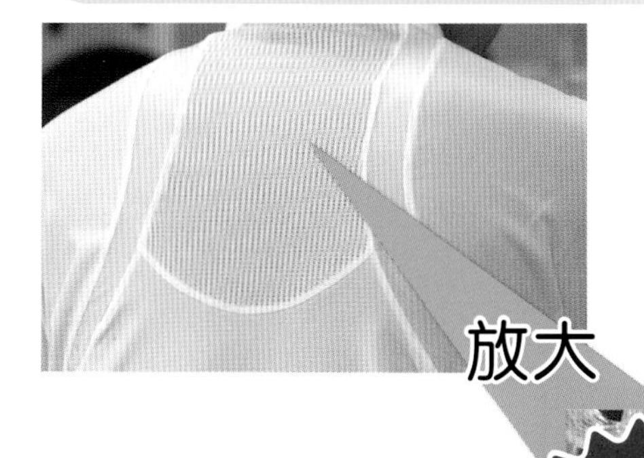

放大

放大后的发现

奇妙之处 ❶

**为什么针织的衣服能拉伸？**

线被织成了线圈

衬衫和雨衣的线被织成了格子状，而运动衫的线被织成了一个个线圈。

合成纤维也是由更细的纤维纺成的。

奇妙之处 ❷

**为什么运动衫要用合成纤维这种布料？**

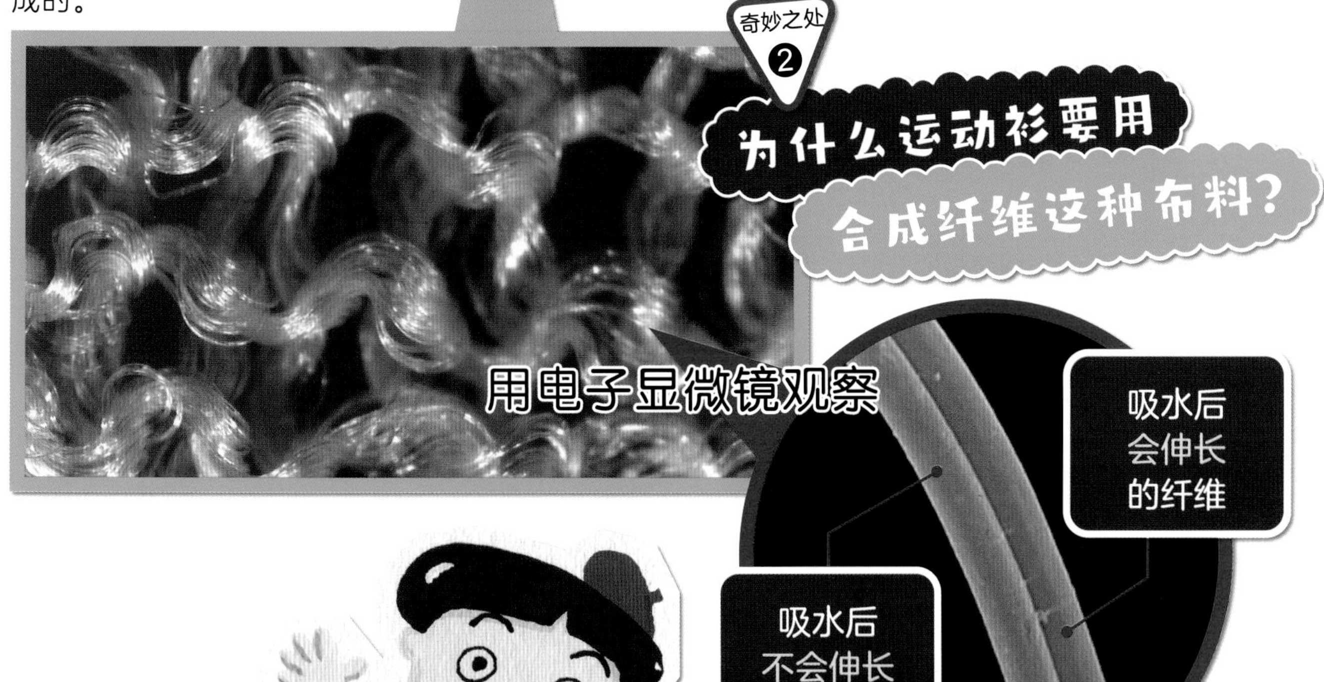


原来线都是由纤维纺成的。

取 1 根纤维观察，会发现它是由 2 种不同的纤维组成的。

# 不可思议大调查！

观察布料时我们发现了2个奇妙之处，下面就来探索一下其中的奥秘。

第15页

奇妙之处 ❶

## 为什么针织的衣服能拉伸？

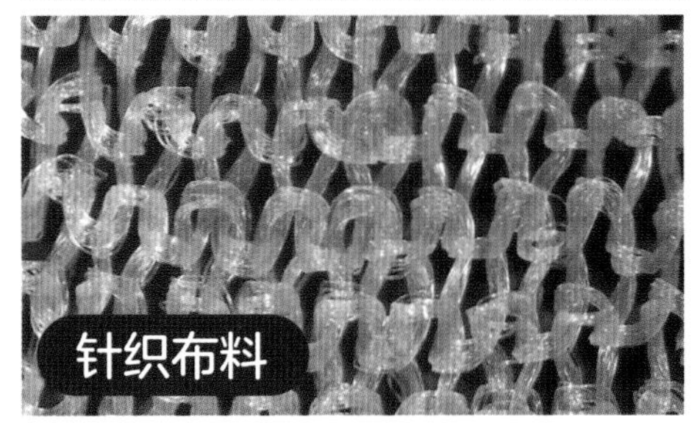

### 放大毛衣（羊毛）

下面我们来放大看一看冬天穿的毛衣。

放大

**放大后的发现**

毛衣由一个个毛线圈套结而成，一拉就会伸长。这种针织的衣服在运动时会更加贴合身体。

原来如此！
运动衫能随着身体的
动作伸长就是因为这
个原因哪！

第15页

奇妙之处 ❷

## 为什么运动衫要用合成纤维这种布料？

吸水后不会伸长的纤维

吸水后会伸长的纤维

## 放大沾湿后的合成纤维

将水滴在由 2 种不同纤维组成的合成纤维上，会发生什么呢？

### 沾湿前

### 沾湿后

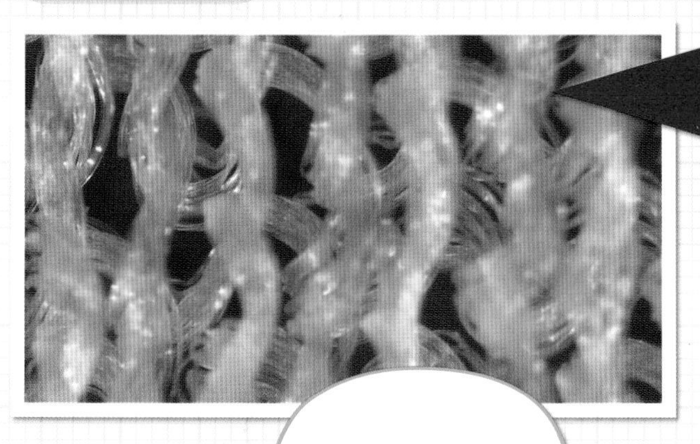

纤维束散开了！

纤维束是由吸水后会伸长的纤维和吸水后不会伸长的纤维组成的，**沾湿后纤维束会散开，继而出现缝隙。**

缝隙有利于通风。

这就是穿运动衫时，即使出汗也很容易干的原因！

# 大家可以进一步研究服装哦！

为什么毛衣洗过之后会缩水？

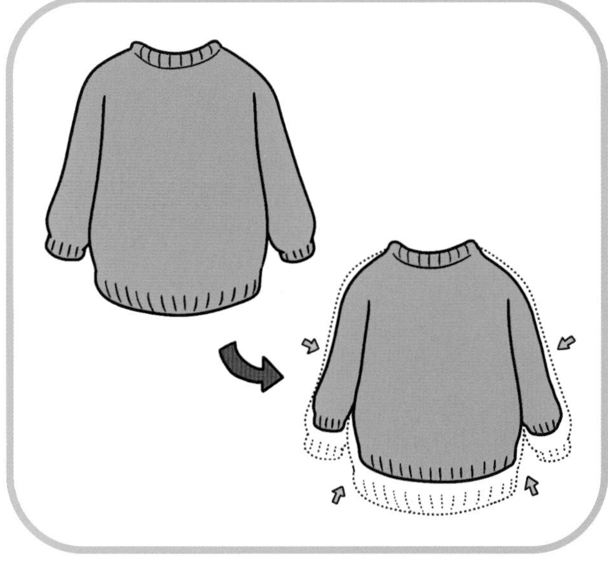

为什么羊毛材质的衣服会让人觉得很暖和？

为什么久晾不干的衣服会变臭？

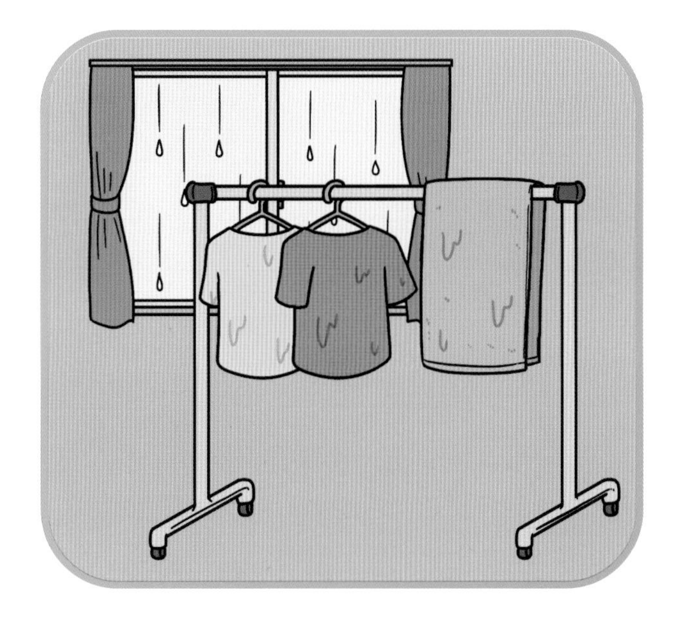

为什么溅到衣服上的咖喱酱汁很难洗掉？

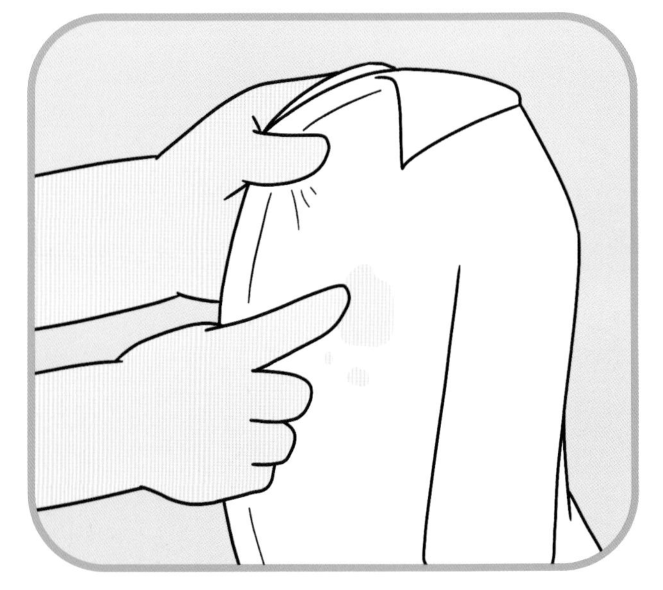

大家可以复印书后的发现笔记，将调查结果记录下来！

# 这是哪种机器内部的照片呢？

不知道，
一点头绪都
没有。

圆圆的小球
就像蓝色
玻璃珠！

答案是喷墨打印机
放大墨盒内侧
打印机里
有专门装墨水的
墨盒。
小孔的大小
0.01毫米
放大后的发现

## 墨盒内侧有很多小孔！

墨盒内侧排列着很多小孔，最小的孔直径只有0.01毫米，要用电子显微镜才能观察到。每个小孔会喷出$10^{-12}$升的墨水。

# 喷墨打印机的内部结构是什么样的？

## 观察 看一看喷墨打印机的内部结构吧

打印时，喷墨打印机的内部是如何工作的？

每根竖线上都有墨水！

### 装墨水的容器（墨盒）

墨盒里装着黑色、红色、蓝色和黄色 4 种颜色的墨水。

※也有6色或8色的喷墨打印机。

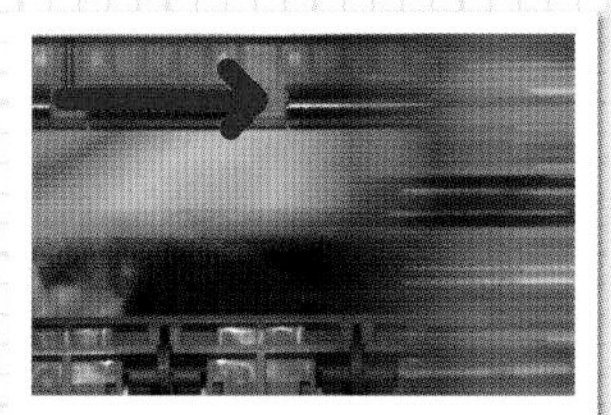

打印时，墨盒会左右移动，将墨水以时速 60 千米的速度喷到纸上。

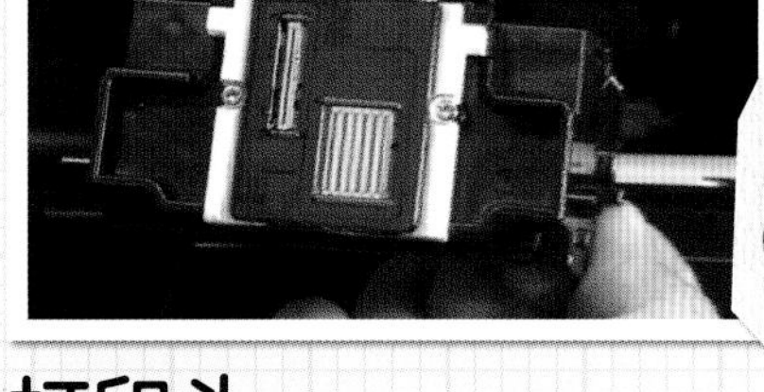

### 打印头

将墨盒拆下来翻到背面观察。墨水就是从这里出来的。

蓝 红 黄 红 蓝 黑

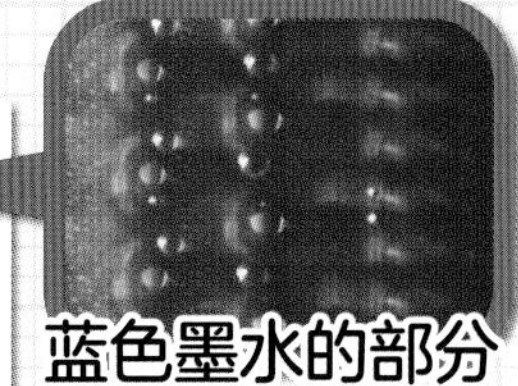

蓝色墨水的部分

这些竖线是墨水的通道。墨盒上的小孔就是沿着这些竖线排列的。

### 打印的原理

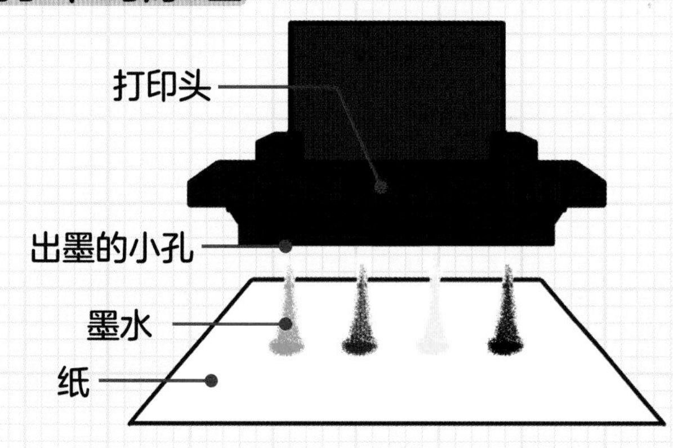


**为什么墨盒里只有 4 种颜色的墨水？**

# 不可思议大调查！

为什么4种颜色的墨水能印出五彩缤纷的颜色？让我们放大照片，探究一下其中的奥秘。

## 浅橙色的部分

红色点和黄色点零星地散落在纸上。

## 深橙色的部分

4种颜色的点密密麻麻地重叠在一起！红色和黄色重叠的部分看起来就是橙色。

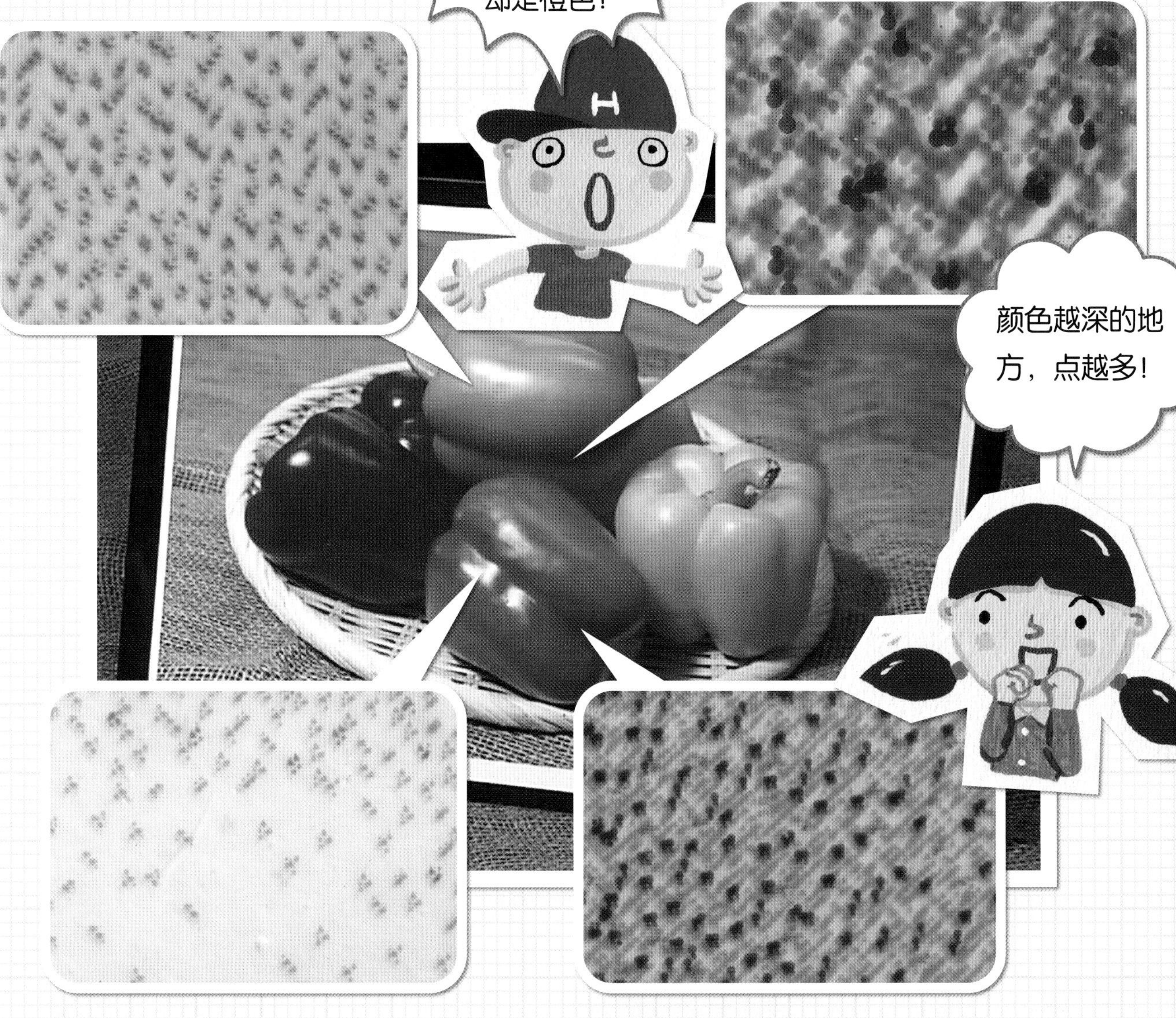

这些点明明不是橙色的，打印出来的颜色却是橙色！
颜色越深的地方，点越多！

## 白色反光的部分

白色的部分几乎没有点。

## 深绿色的部分

4种颜色的点都有。跟橙色部分相比，蓝色的点更多，红色的点更少。

**用喷墨打印机打印的照片是由很多小点组成的。点的颜色和数量不同，呈现出的照片颜色也会有所不同。**即便只用4种颜色的墨水，也能打印出五彩缤纷的照片。

# 高科技！能在花上打印的打印机

有些打印机不但能在纸上打印，还能在花上打印图案。
这种打印机到底是怎样打印的呢？

在不平整的地方也能打印吗？

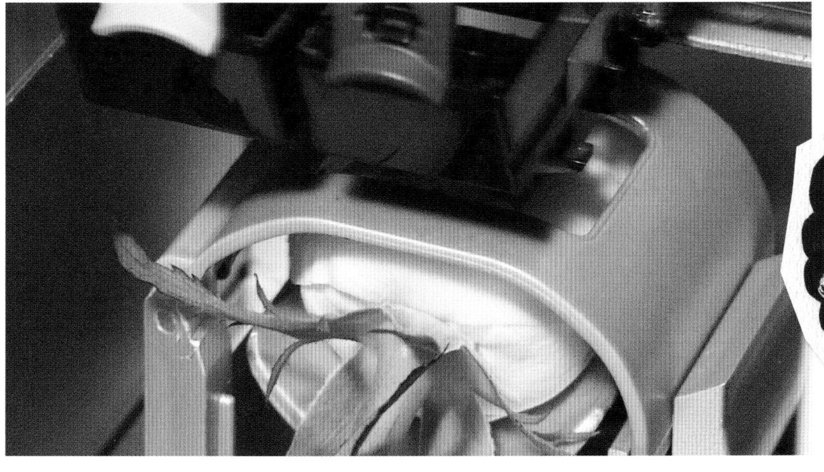

喷墨打印机都是用墨点组成图案的！

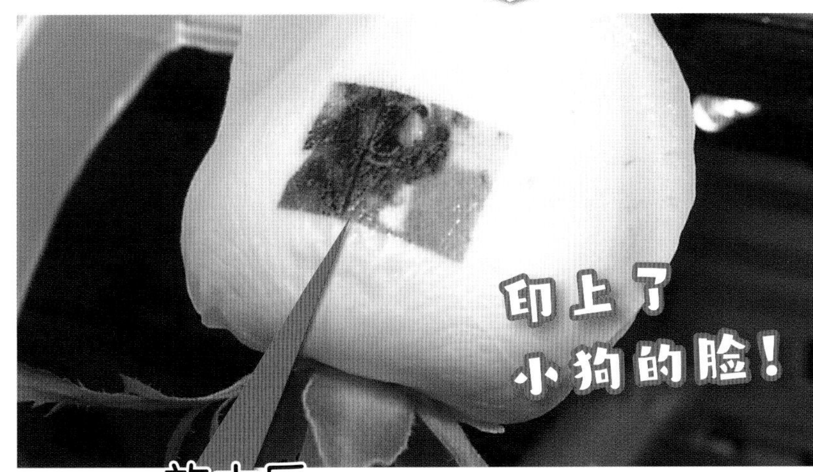

印上了小狗的脸！

放大后

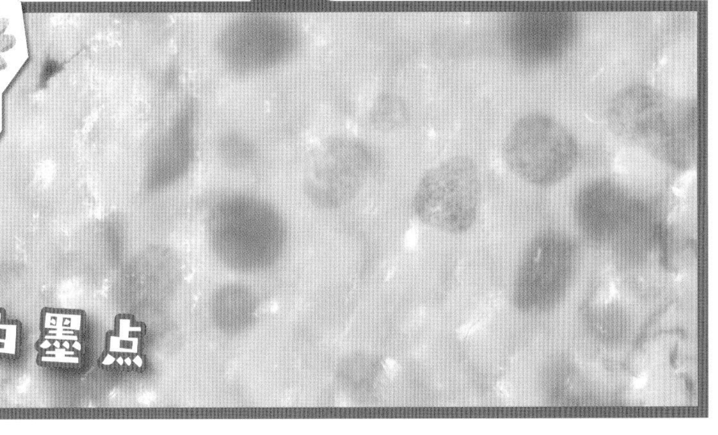

图案果然是由墨点组成的！

# 大家可以进一步研究打印机哦！

打印机一共有几种？

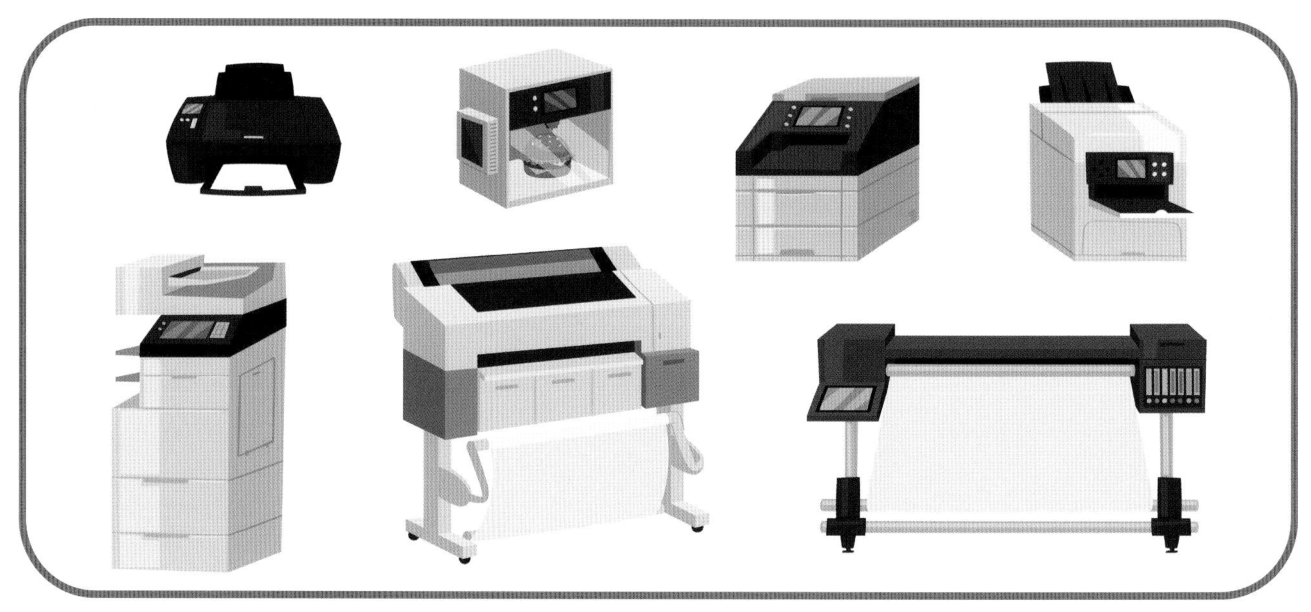

手机上的照片也是由点组成的吗？

为什么要选黄色、红色、蓝色、黑色这4种颜色当基础色？

※这里研究的是4色喷墨打印机。

大家可以复印书后的发现笔记，将调查结果记录下来！

# 这2张图是身体的哪个部位呢？

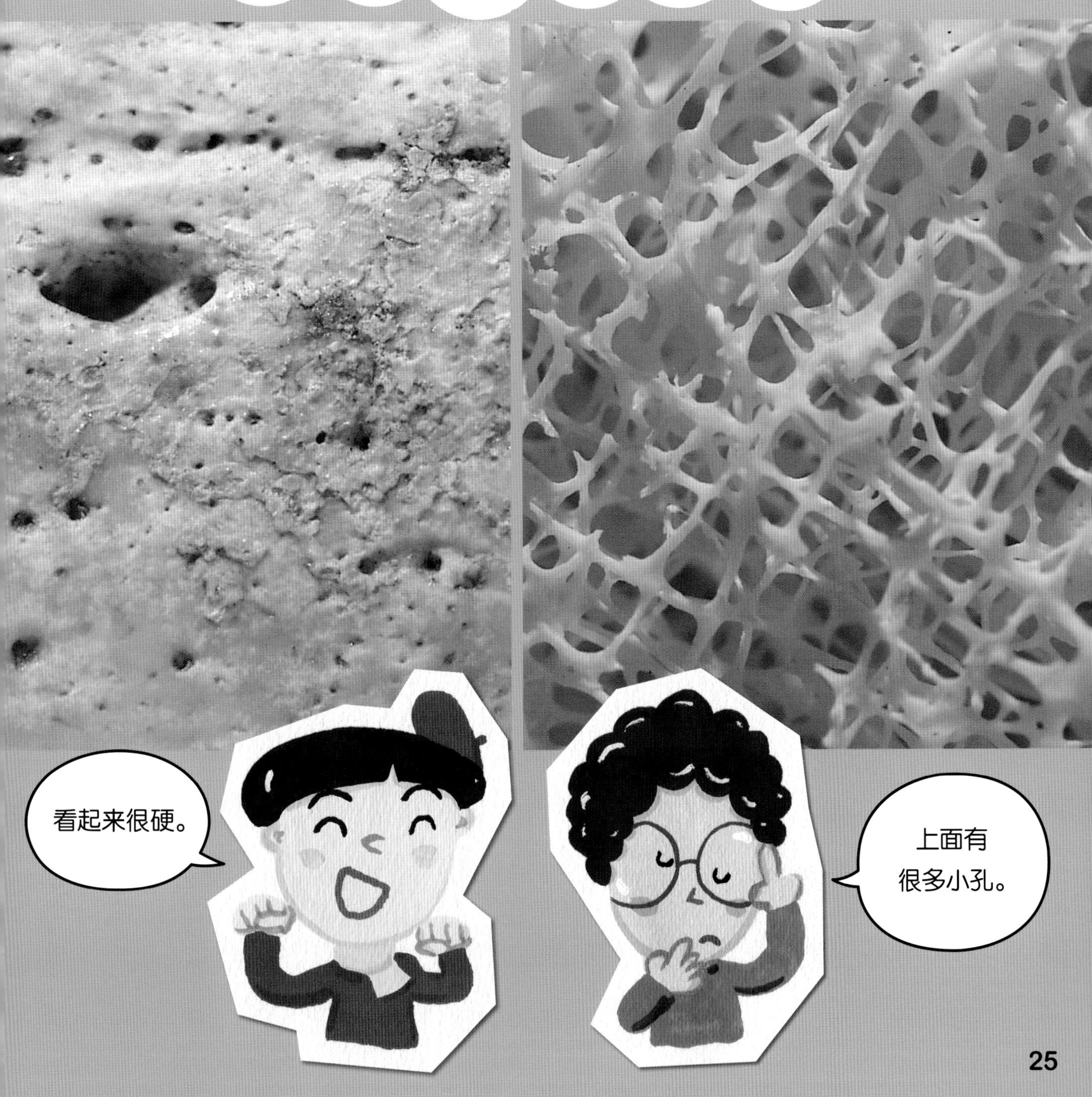

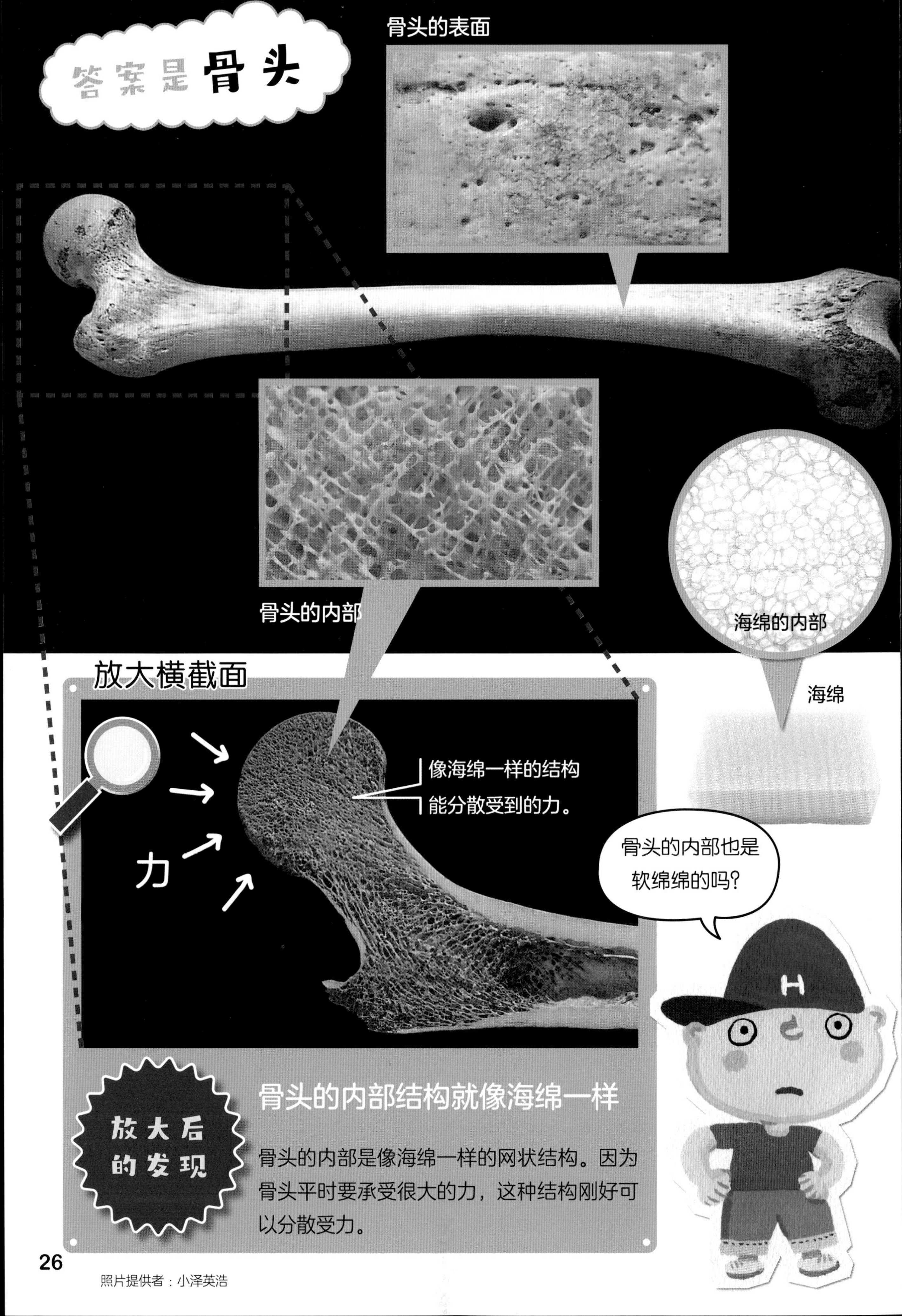


## 骨头的内部结构就像海绵一样

骨头的内部是像海绵一样的网状结构。因为骨头平时要承受很大的力，这种结构刚好可以分散受力。



照片提供者：小泽英浩

# 人的骨头长什么样？

啊——
是骷髅！

## 观察 看一看全身的骨头吧

成人身上一共有206块大小不一的骨头。
不同部位的骨头，形状和大小都有很大差别。

### 头骨

这是保护大脑的骨头。

人体内最小的骨头是长在耳朵里的“耳小骨”。

### 肩胛骨

位于肩膀（背部一侧）的三角形骨头。

### 胸骨

位于胸部中央的骨头。

### 脊椎

这部分骨头被称为脊骨。由30多块骨头组成。

### 肋骨

包裹肺部和心脏的骨头。

### 骨盆

连接上半身和下半身的腰部骨头被统称为“骨盆”。

### 大腿骨

人体内最大、最长的骨头。

我们的手指和脚趾是由很多小骨头组成的，所以能做出比较细致的动作。

左页照片中的骨头就是大腿骨！

原来人体里有这么多形状各异的骨头哇！

骨骼是如何生长的？

# 不可思议大调查！

骨骼到底是如何生长的？
接下来，我们将要观察骨头的表面和内部，看看会有哪些发现？

上面有
好多小孔！

## 看看骨头的截面

让我们用显微镜来看看骨头的内部结构。

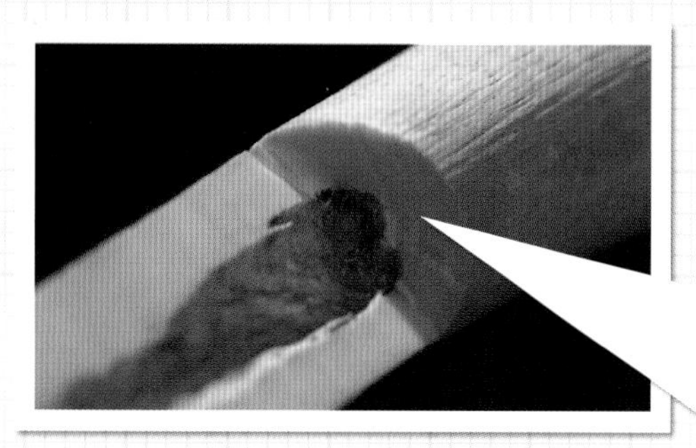

**放大后的发现**

骨头的截面上有很多小孔，小孔周围围着一圈圈圆环。

就像树的
年轮！

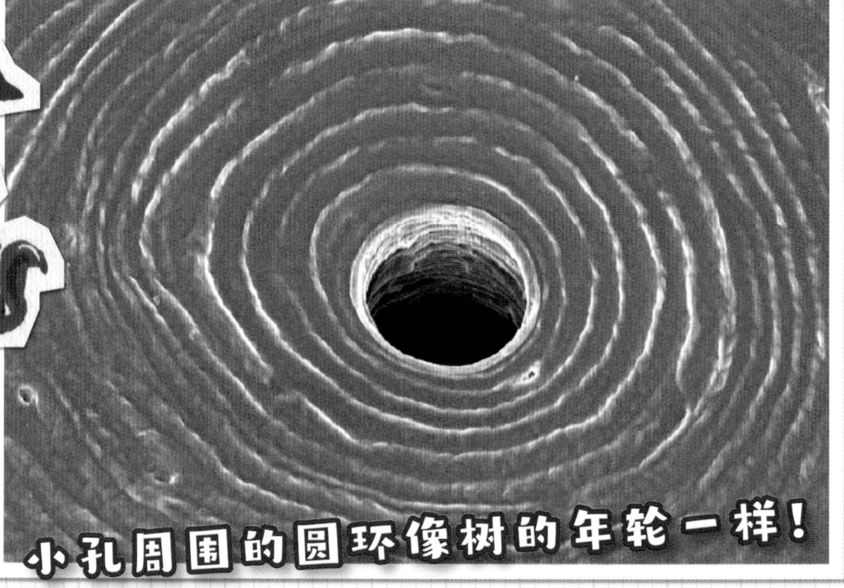


**每当骨头生长时，小孔周围就会长出新的圆环。**这些圆环正是骨头持续生长的证据。

## 看看骨头的表面

骨头表面的小孔通向哪里？让我们用铁丝来调查一下。

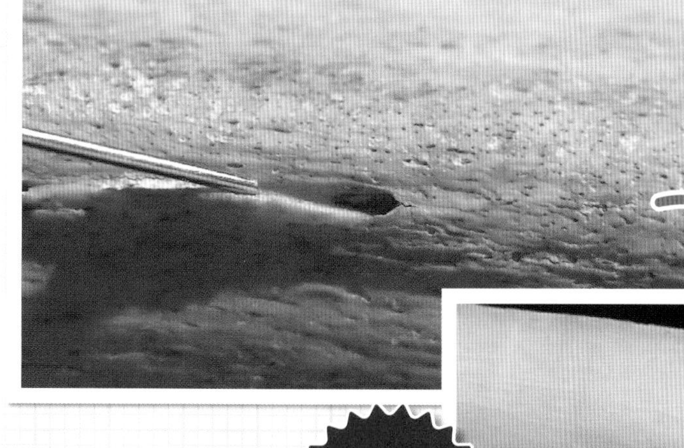

骨头表面和截面都有小孔。

这些小孔是做什么用的呢?

发现

铁丝从骨头内侧穿出来了！
这些小孔其实是血管的通道。**骨头里有很多血管，它们的作用是运输营养物质。**

**骨头表面的小孔跟内部的小孔是相通的！**

## 大眼睛的解说！

骨头上的小孔是血液流动的通道。血液能为骨头运输营养物质，促使骨头生长。

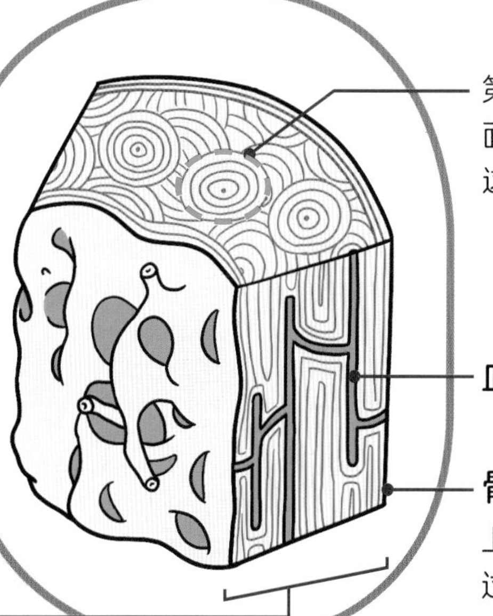

第26页看到的海绵状部分。
第28页骨头截面上的圆环就在这里。
**血管**
**骨髓**
血液就是从这里制造出来的。
**骨头表面**
上面有让血管通过的小孔。
接近表面的坚硬部分。

# 大家可以进一步研究骨头哦！

身体长高后，骨头也会变长吗？

为什么骨头断了还能接回去？

掰手指时发出的声音，是骨头的声音吗？

为什么补钙能让骨头变得更强韧？

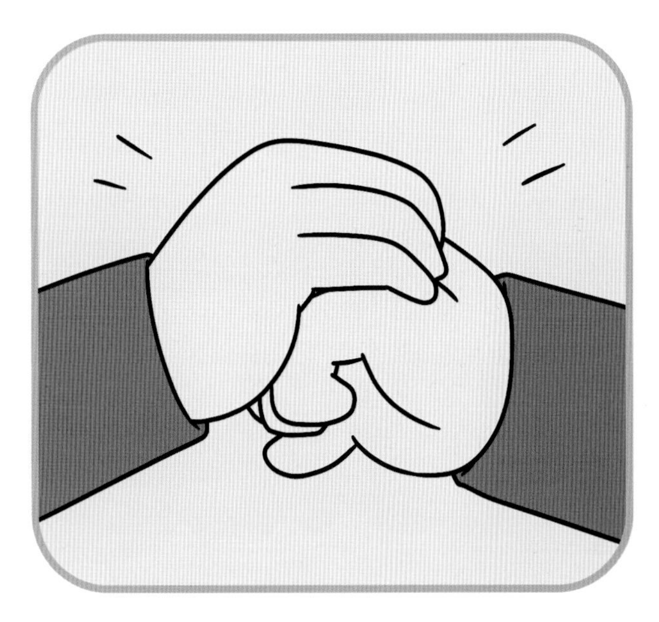

大家可以复印书后的发现笔记，将调查结果记录下来！

# 这是身体的哪个部位呢？

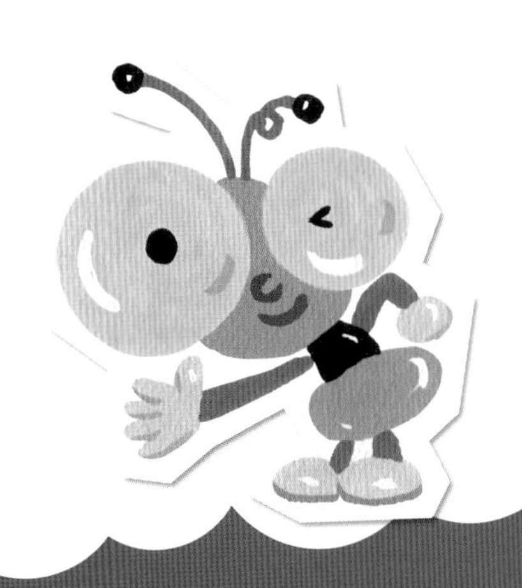

是什么呢？看起来像铁丝一样。
既有黑色也有白色，到底是什么呢？

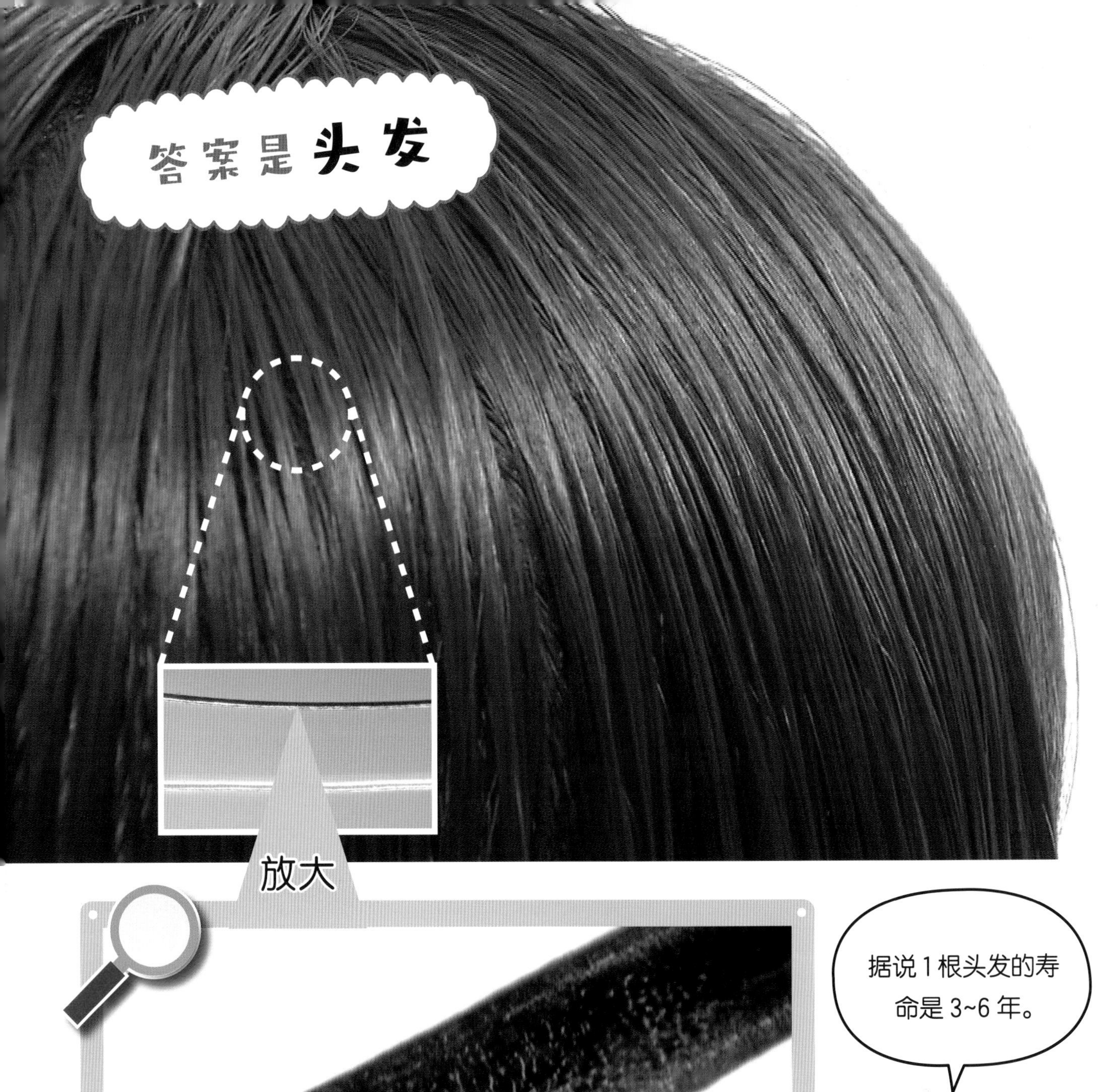
答案是头发
放大

## 头发表面像鳞片一样

放大后的发现

头发的平均直径是0.08毫米，其粗细会受健康状况和年龄等因素的影响。头发虽然看起来很顺滑，但放大后看到的表面却像鳞片一样。

据说1根头发的寿命是3~6年。

# 头发的成分到底是什么？

## 观察 看一看头发的结构吧

我们每个人大约有10万根头发。头发能帮我们御寒，还有抵抗冲击的作用，头发究竟有哪些特殊结构呢？

白色的头发上缺少黑色素！

### 截面

图中的黑色颗粒是含有“黑色素”的细胞。

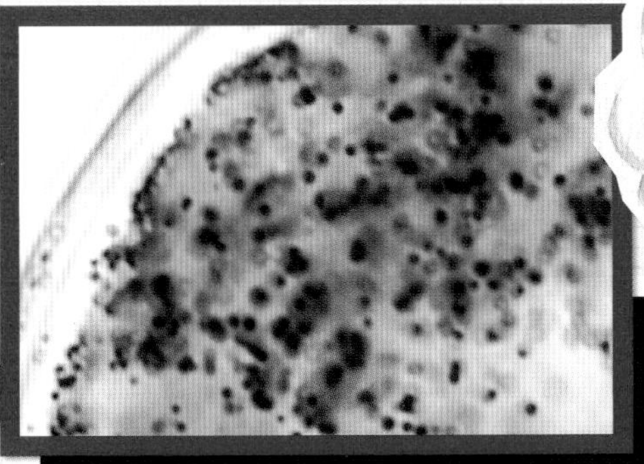

黑色素越多，头发看起来就越黑。

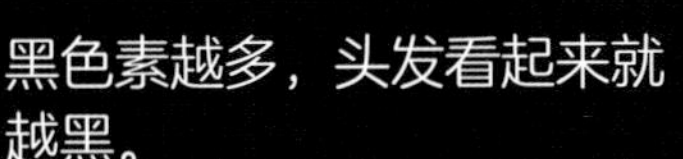

黑色素

角质层

### 受损的头发

如果不好好护理角质层，头发就会断裂或分叉。角质层一旦受损，就再也无法恢复了。

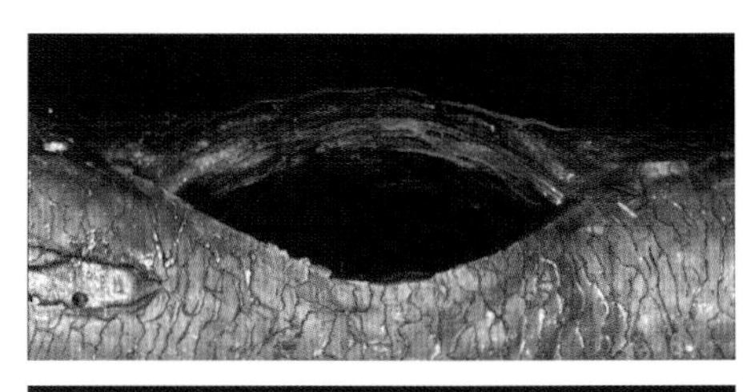

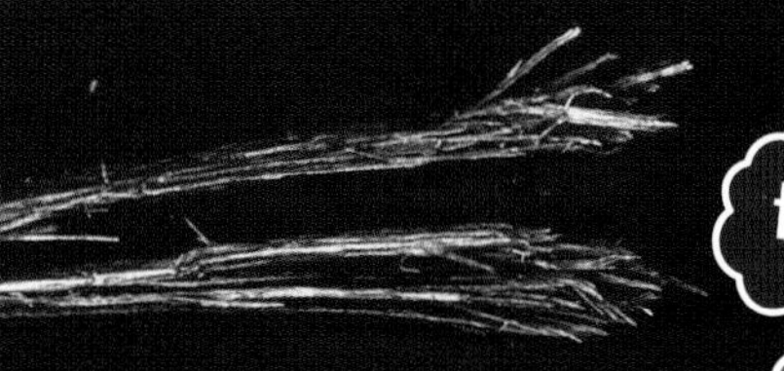

### 表面

头发表面像鳞片一样的结构就是角质层，它是一种又薄又硬的膜。角质层重叠在一起，覆盖在头发的表面。

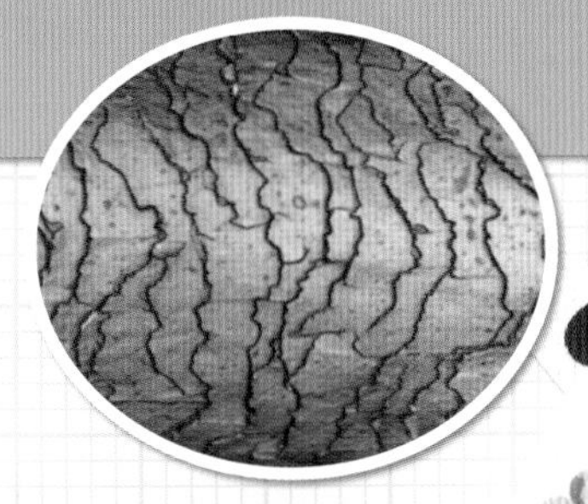

好像鱼的鳞片！

如何才能保养头发，防止它受损呢？

# 不可思议 大调查！

洗发水是保养头发必不可少的物品。
为什么洗发水能洗去头发上的污垢？

## 1 清洗前的头发

头发上有很多污垢，比如头皮分泌的油脂和灰尘等。

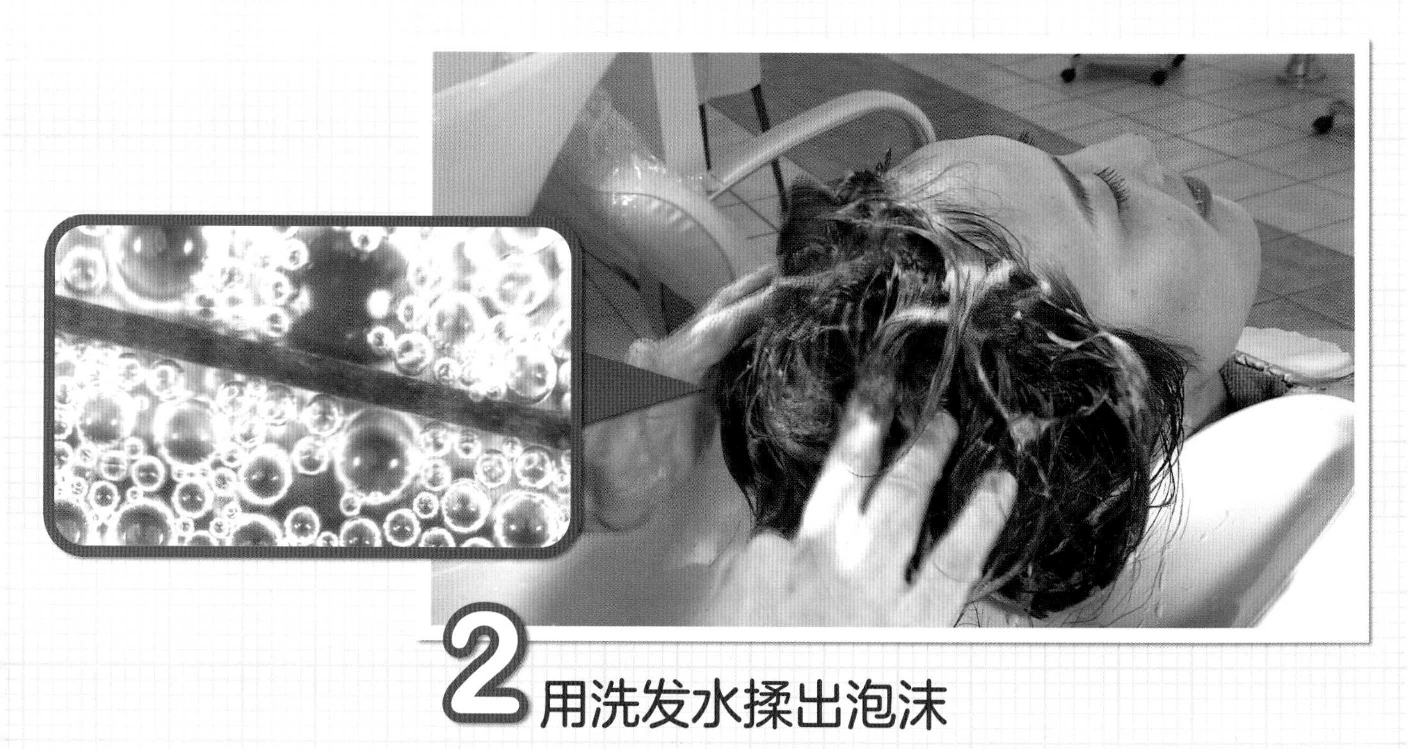

## 2 用洗发水揉出泡沫

洗发水揉出的泡沫能防止角质层之间互相摩擦。

污垢都被
洗掉了！
洗头发时一定要
好好揉搓，揉出很
多泡沫来！

## 3 用水将泡沫冲洗干净

洗发水能将污垢清洗下来。只要仔细揉搓和冲洗，污垢就会随着泡沫一起被冲走。

## 4 洗净的头发

**用洗发水清洗头发，既能保护角质层，又能洗掉污垢，所以洗发水是保持头发健康必不可少的物品。**

# 大家可以进一步研究头发哦！

头发为什么会长长？

染头发时到底染的是哪里？

头发新陈代谢的周期是多长时间？

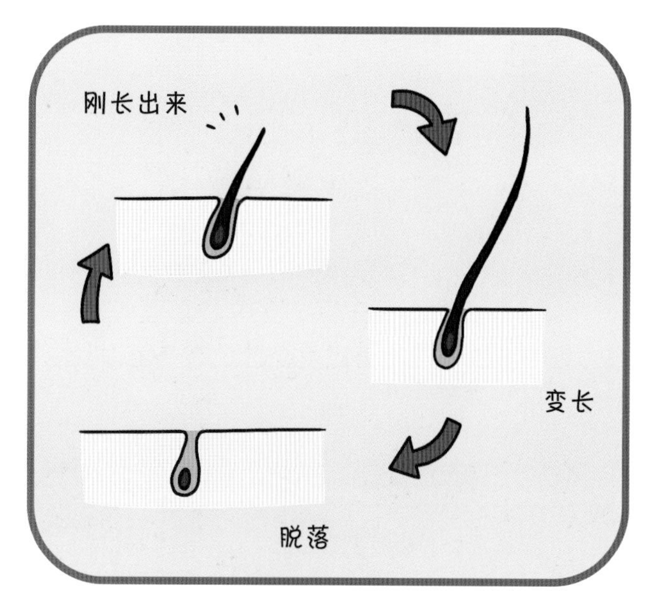

为什么剪头发和剪指甲不会觉得痛？

 大家可以复印书后的发现笔记，将调查结果记录下来！

# 自主学习的方法

如果大家想继续学习相关的知识，可以采用下面 4 种方法。除此之外，还可以询问长辈，或是跟小朋友一起研究。

## 从书本上学习

到学校图书馆或公共图书馆查找相关的书籍或图鉴。如果不知道要查的书放在哪里，可以询问图书馆的工作人员。

## 从互联网上学习

利用关键词在互联网上进行检索。网上有很多面向儿童的科普网站，会将知识通俗易懂地呈现出来。

## 观察或做实验

大家还可以到野外观察，或者做一些有趣的实验。不过一定要注意安全，千万不要进入危险场所或进行危险的实验。

## 询问老师或家长

有些问题可以直接询问老师或家长。如果碰到有关生产的问题，可以到工厂参观，向专业人士请教。

# 混凝土里的微观世界

年代久远的混凝土砖块上长满了绿色的苔藓，上面还有一些以苔藓为食的生物。在这个混凝土的小世界中，生活着哪些生物呢？让我们一起来找找看吧。

## 真藓

真藓叶子的尖端呈白色，从远处看就是白花花的一片。

## 芽孢湿地藓

别名卷叶藓。它的叶子干燥时会缩起来，下雨才会舒展开。

## 蛭形轮虫

以苔藓周围的微生物为食。它的身体非常软，能够随意地伸缩。

## 水熊虫

以苔藓为食。苔藓干枯后，水熊虫的身体也会变干，并陷入休眠状态（这种行为被称为干眠）。

## 线虫

一种肉眼看不见的小虫。以苔藓周围的微生物为食，平时会蠕动着行走。

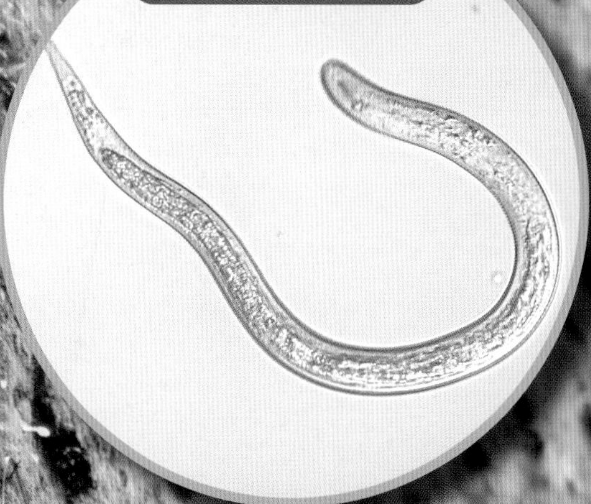

## 东亚砂藓

从上方看，叶子的形状很像星星。竖直朝上生长的绿色苔藓，既耐寒也耐旱。

## 大灰藓

枝叶比较大，生长时茎呈匍匐状。颜色是黄绿色或绿色，有时带褐色。

## 黄绿橙衣

看起来像一个个小小的圆形颗粒。干燥状态下是橙色的。

下雨后会膨胀起来，颜色也会变成绿色。

# 发现笔记的写法

※书后的发现笔记仅为样例，最好先复印下来，不要直接往上写哦。

下面给大家讲讲发现笔记的具体写法。

大家可以参考后面的范例，将自己调查的内容填写上去。

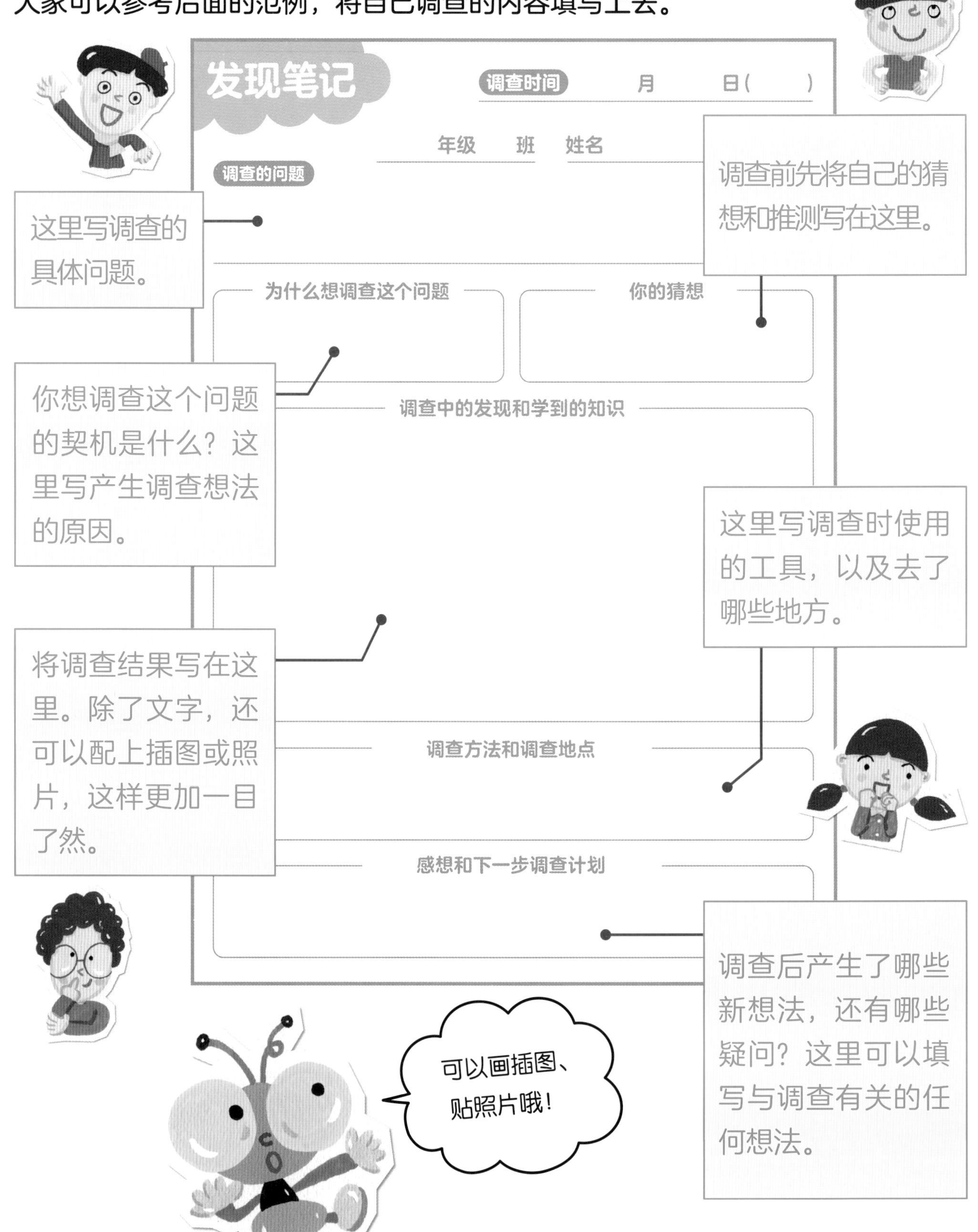

发现笔记
调查时间 月 日（ ）
年级 班 姓名
调查的问题
这里写调查的具体问题。
调查前先将自己的猜想和推测写在这里。
为什么想调查这个问题
你的猜想
你想调查这个问题的契机是什么？这里写产生调查想法的原因。
调查中的发现和学到的知识
这里写调查时使用的工具，以及去了哪些地方。
将调查结果写在这里。除了文字，还可以配上插图或照片，这样更加一目了然。
调查方法和调查地点
感想和下一步调查计划
调查后产生了哪些新想法，还有哪些疑问？这里可以填写与调查有关的任何想法。
可以画插图、贴照片哦！

## 发现笔记

调查时间 12 月 17 日（周三）

4 年级 4 班 姓名 千叶美野里

**调查的问题**

生抽和老抽有什么区别？

**为什么想调查这个问题**

在超市看到了这两种酱油，但不知道它们有什么区别。

**你的猜想**

一个味道淡，另一个味道浓。

**调查中的发现和学到的知识**

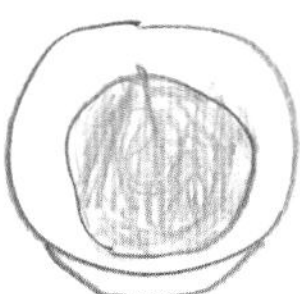

颜色较浅，味道较咸。适合凉拌或炒菜。

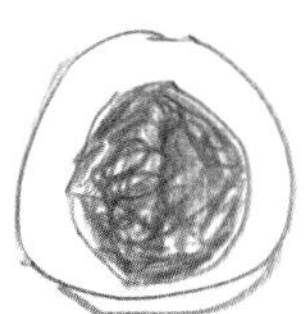

颜色较深，酱香味更浓一些。

**调查方法和调查地点**

不仅尝了味道，还拌了凉菜

**感想和下一步调查计划**

为什么生抽更咸？

## 发现笔记

调查时间 6 月 18 日（周四）

4 年级 5 班 姓名 神谷奈那

**调查的问题**

为什么在房间里晾的衣服会变臭？

**为什么想调查这个问题**

因为晾在家里的衣服变臭了。

**你的猜想**

衣服湿了以后就会散发出原本的味道。

**调查中的发现和学到的知识**

晾在房间里的衣服很久都不干，于是滋生了一些会散发臭味的细菌。

**调查方法和调查地点**

网络检索

**感想和下一步调查计划**

我想知道下雨天让衣服赶快变干的方法。

# 看一看其他小朋友写的发现笔记吧

## 发现笔记

调查时间 7 月 15 日（周三）

4 年级 2 班 姓名 城崎美穗

**调查的问题**

手机上的照片也是由点组成的吗？

**为什么想调查这个问题**

靠近电视屏幕时，发现上面有很多点。

**你的猜想**

应该是由点组成的。

**调查中的发现和学到的知识**

我用放大镜观察了手机里的照片，但是没看到点。用放大镜看平板电脑上的照片时，好像看到了像点一样的东西。

**调查方法和调查地点**

用放大镜观察平板电脑和手机里的照片

**感想和下一步调查计划**

平板电脑和手机是类似的东西，为什么放大后看到的结果不一样呢？

## 发现笔记

调查时间 12 月 20 日（周日）

4 年级 2 班 姓名 城家祐来

**调查的问题**

为什么剪头发和剪指甲不会觉得疼？

**为什么想调查这个问题**

剪头发的时候没感觉到疼。

**你的猜想**

应该是因为它们很长吧。

**调查中的发现和学到的知识**

头发和指甲上没有能让我们感觉到疼的神经。即便剪掉也不会觉得疼。

**调查方法和调查地点**

问了妈妈，还去网上检索了

**感想和下一步调查计划**

为什么指甲尖端是白色的？

版权登记号：01-2022-5312

图书在版编目（CIP）数据

微观世界放大看：全5册 / 日本NHK《微观世界》制作班编著；(日) 长谷川义史绘；王宇佳译. -- 北京：现代出版社, 2023.3
ISBN 978-7-5143-9977-6

Ⅰ. ①微… Ⅱ. ①日… ②长… ③王… Ⅲ. ①自然科学－少儿读物 Ⅳ. ①N49

中国版本图书馆CIP数据核字（2022）第204784号

"NHK FOR SCHOOL MICROWORLD 5 MONO·KARADA" by NHK「MICROWORLD」SEISAKUHAN, Hasegawa Yoshifumi

Original Japanese edition published by NHK Publishing, Inc.
This Simplified Chinese Language Edition is published by arrangement with NHK Publishing, Inc. through East West Culture & Media Co., Ltd., Tokyo

**微观世界放大看（全5册）**

编 著 者　日本NHK《微观世界》制作班
绘　　者　【日】长谷川义史
译　　者　王宇佳
责任编辑　李 昂 滕 明
封面设计　美丽子-miyaco
出版发行　现代出版社
通信地址　北京市安定门外安华里504号
邮政编码　100011
电　　话　010-64267325　64245264（传真）
网　　址　www.1980xd.com
印　　刷　固安兰星球彩色印刷有限公司
开　　本　889mm×1194mm　1/16
印　　张　15.25
字　　数　144千字
版　　次　2023年3月第1版　2023年3月第1次印刷
书　　号　ISBN 978-7-5143-9977-6
定　　价　180.00元

# 发现笔记

调查时间 月 日（ ）

年级 班 姓名

调查的问题

为什么想调查这个问题

你的猜想

调查中的发现和学到的知识

调查方法和调查地点

感想和下一步调查计划